# CÁLCULO

# 15

W0465703

## SUMAS, RESTAS, MULTIPLICACIONES Y DIVISIONES

ANAYA

El jamón de la derecha cuesta 18 € más que el otro.
Marca su precio.

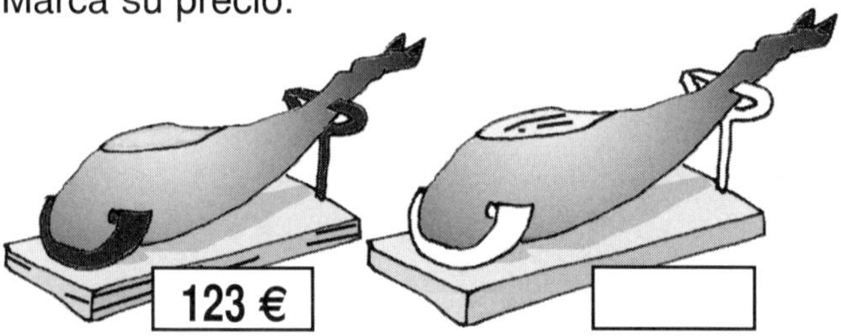


```
  28387        392320       384932
+  3994      +283923      +  29382
```

```
   87          453       864675
  374         2361         9847
  807        11541         5674
+  94      +  4434     +    756
```

```
    45           8          987
   123          86           98
  2904         567         8765
  3098        4563          324
+29483      +65432      +120098
```

555 : 5 = ………

15 + ……. = 34

$$308625 \,\underline{|\,25\qquad}$$

$$\begin{array}{r} 65894 \\ -\ \ 768 \\ \hline \end{array} \qquad \begin{array}{r} 960674 \\ -\ \ 76458 \\ \hline \end{array} \qquad \begin{array}{r} 3948234 \\ -3894053 \\ \hline \end{array}$$

$$\begin{array}{r} 76895 \\ -\ \ 876 \\ \hline \end{array} \qquad \begin{array}{r} 834767 \\ -\ \ 40329 \\ \hline \end{array} \qquad \begin{array}{r} 8604570 \\ -\ \ 867758 \\ \hline \end{array}$$

$$\begin{array}{r} 97546 \\ -\ \ 98 \\ \hline \end{array} \qquad \begin{array}{r} 392030 \\ -193847 \\ \hline \end{array} \qquad \begin{array}{r} 4068796 \\ -\ \ 76998 \\ \hline \end{array}$$

$$\begin{array}{r} 83923 \\ -\ \ 2932 \\ \hline \end{array} \qquad \begin{array}{r} 808749 \\ -\ \ 83923 \\ \hline \end{array} \qquad \begin{array}{r} 8200184 \\ -\ \ 8347 \\ \hline \end{array}$$

1 351 – 1 254 = …….        98 × 2 = ………

**4** Colorea los de este tamaño.

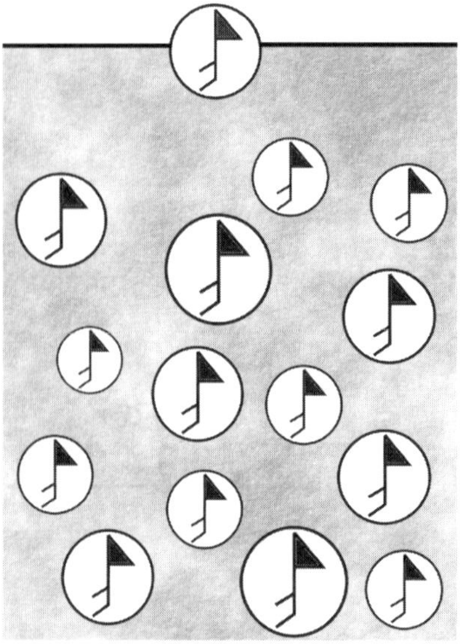

$$\begin{array}{r} 2345 \\ +6986 \\ \hline \end{array} \qquad \begin{array}{r} 9331 \\ -2345 \\ \hline \end{array}$$

$$\begin{array}{r} 5321 \\ +\ \ 741 \\ \hline \end{array} \qquad \begin{array}{r} 6062 \\ -\ \ 741 \\ \hline \end{array}$$

$$\begin{array}{r} 3920 \\ -2782 \\ \hline \end{array} \qquad \begin{array}{r} 8249 \\ -6581 \\ \hline \end{array}$$

$$\begin{array}{r} 28283 \\ 85 \\ +\ \ 586 \\ \hline \end{array} \qquad \begin{array}{r} 39485 \\ 52341 \\ +69729 \\ \hline \end{array} \qquad \begin{array}{r} 394053 \\ 8498 \\ +\ \ 509 \\ \hline \end{array}$$

$$\begin{array}{r} 29302 \\ 2938 \\ +29382 \\ \hline \end{array} \qquad \begin{array}{r} 39276 \\ 985 \\ +\ \ 9027 \\ \hline \end{array} \qquad \begin{array}{r} 98264 \\ 4839 \\ +298659 \\ \hline \end{array}$$

2000 : 2 = ...........

526 + 484 = ...........

$$\begin{array}{r} 6137 \\ -\,3489 \\ \hline \end{array}$$

$$\begin{array}{r} 9873 \\ -\,7984 \\ \hline \end{array}$$

¿Cuántos objetos hay?

$$\begin{array}{r} 67 \\ 897 \\ 6598 \\ +\,9876 \\ \hline \end{array}$$

$$\begin{array}{r} 96 \\ 5 \\ 5658 \\ +\,8676 \\ \hline \end{array}$$

$$\begin{array}{r} 40388 \\ -\,23409 \\ \hline \end{array}$$

$$\begin{array}{r} 738245 \\ -\,286940 \\ \hline \end{array}$$

$$\begin{array}{r} 683923 \\ -\,295454 \\ \hline \end{array}$$

$$\begin{array}{r} 39203 \\ -\quad 9878 \\ \hline \end{array}$$

$$\begin{array}{r} 392035 \\ -\quad 84934 \\ \hline \end{array}$$

$$\begin{array}{r} 843429 \\ -\quad 5938 \\ \hline \end{array}$$

$$\begin{array}{r} 48392 \\ -\quad 689 \\ \hline \end{array}$$

$$\begin{array}{r} 493092 \\ -\quad 5948 \\ \hline \end{array}$$

$$\begin{array}{r} 837432 \\ -\quad 86 \\ \hline \end{array}$$

$52 \times 5 =$ .........

$2100 - 120 =$ ...........

Pon a cada flecha su orientación.

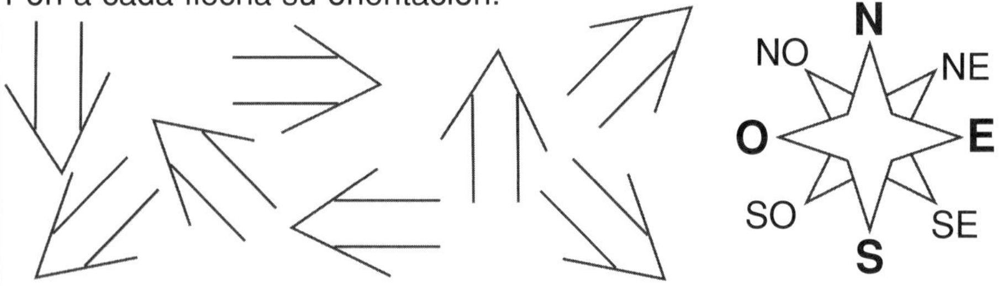


$$\begin{array}{r} 3\,4\,5\,6 \\ \times\,9 \\ \hline \end{array}$$

$$\begin{array}{r} 3\,6\,5\,6\,5 \\ \times\,2 \\ \hline \end{array}$$

$$\begin{array}{r} 6\,2\,1\,4\,5\,8 \\ \times\,8 \\ \hline \end{array}$$

$$\begin{array}{r} 2\,4\,7\,6\,7 \\ \times\,5\,2 \\ \hline \end{array}$$

$$\begin{array}{r} 2\,1\,5\,9\,4 \\ \times\,1\,7 \\ \hline \end{array}$$

$$\begin{array}{r} 7\,4\,5\,8\,9\,6 \\ \times\,4\,8 \\ \hline \end{array}$$

$$\begin{array}{r} 4\,9\,3\,8 \\ \times\,3\,4\,4 \\ \hline \end{array}$$

$$\begin{array}{r} 5\,9\,5\,8\,7 \\ \times\,1\,7\,5 \\ \hline \end{array}$$

$$\begin{array}{r} 2\,3\,5\,0\,4\,2 \\ \times\,9\,7\,8 \\ \hline \end{array}$$

2 + 98 + ……. = 167

2 154 – 254 = ………..

JUEGA Y APRENDE CON TU CALCULADORA

Un pastelero ha hecho 848 pasteles
y ha vendido todos menos 35.
¿Cuántos le quedan?

14 343 – 5 263 : 8 – 890 : 7 = .......

(Opera en este orden, de izquierda a derecha).

| | | |
|---|---|---|
| 3 8 \|9 | 4 8 9 \|7 | 8 7 6 4 \|4 |
| 1 7 \|2 | 5 3 6 \|9 | 7 6 7 5 \|8 |
| 2 7 \|3 | 6 7 8 \|9 | 3 4 6 2 \|4 |

666 : 6 = .........

123 × 11 = ...........

Colorea de verde la cuarta parte, y el resto, como quieras.

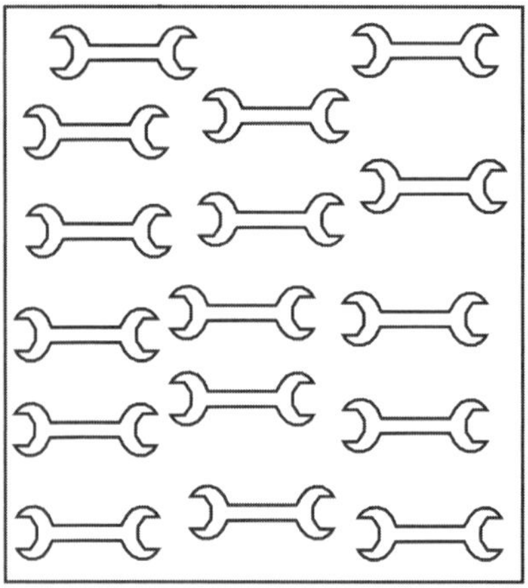

13243212
− 32143

65656565
− 76767

48392039
− 4869645

90006
− 980

895676
− 9870

700987
− 234522

39230
− 1859

394856
− 8897

4001254
− 95432

95843
− 84874

670700
− 38746

9832104
− 896755

111 + 1 111 = ..........

523 – 24 = ........

$$\begin{array}{r} 200650 \\ \times 453 \\ \hline \end{array}$$

$$\begin{array}{r} 9677465 \\ \times 65 \\ \hline \end{array}$$

Busca seis palabras relacionadas con la cantidad.

| | | | | | | |
|---|---|---|---|---|---|---|
| A | H | F | G | E | W | O |
| B | O | U | Y | S | S | S |
| U | Ú | N | I | C | O | E |
| N | I | J | Ñ | A | H | C |
| D | P | L | M | S | C | X |
| A | Y | R | S | O | U | E |
| N | E | T | I | O | M | P |
| T | O | K | J | G | T | E |
| E | R | P | O | C | O | S |

Ayuda:
MUCHOS, POCOS, ÚNICO, ESCASO,
EXCESO, ABUNDANTE.

$$\begin{array}{r} 23231 \\ \times 221 \\ \hline \end{array} \qquad \begin{array}{r} 47839 \\ \times 438 \\ \hline \end{array} \qquad \begin{array}{r} 8967856 \\ \times 343 \\ \hline \end{array}$$

$$\begin{array}{r} 896 \\ \times 3426 \\ \hline \end{array} \qquad \begin{array}{r} 4385 \\ \times 6958 \\ \hline \end{array} \qquad \begin{array}{r} 97654 \\ \times 4508 \\ \hline \end{array}$$

$23 \times 8 =$ .........

$184 \times 8 =$ ...........

**10** ¿Qué es?

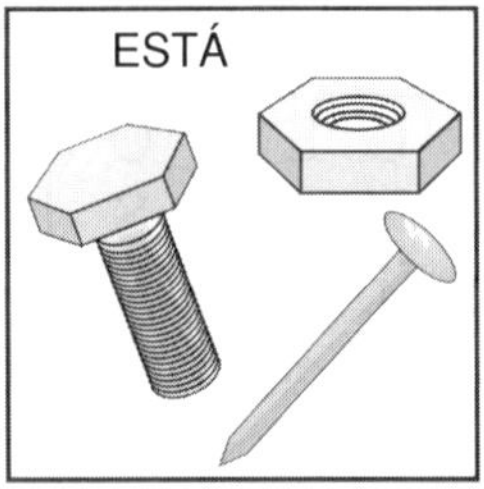

ES...

54352 | 21

342654 | 87

65097 | 56

765432 | 25

76542 | 29

900809 | 12

6799 + ....... = 6823

987 – 89 = .........

Apóyate en los puntos para trazar las figuras.

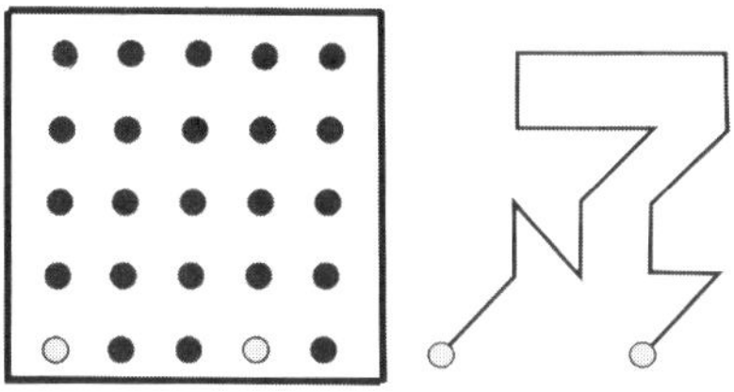

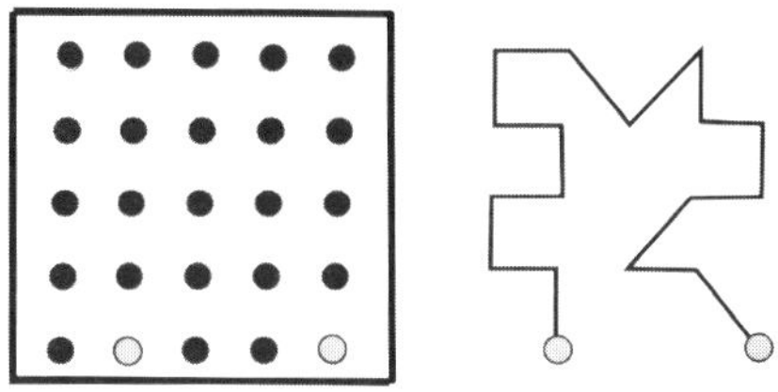

$$\begin{array}{r} 4930594 \\ -\ \ 389458 \\ \hline \end{array} \qquad \begin{array}{r} 96850 \\ -49587 \\ \hline \end{array} \qquad \begin{array}{r} 57483 \\ -\ \ \ 987 \\ \hline \end{array}$$

$$\begin{array}{r} 5000897 \\ 5468765 \\ +\ \ \ 70980 \\ \hline \end{array} \qquad \begin{array}{r} 56574 \\ 39485 \\ +65443 \\ \hline \end{array} \qquad \begin{array}{r} 54328 \\ 49304 \\ +54769 \\ \hline \end{array}$$

$$\begin{array}{r} 98 \\ 432 \\ 1582 \\ 6241 \\ +\ \ 876 \\ \hline \end{array} \qquad \begin{array}{r} 765 \\ 345 \\ 132 \\ 675 \\ +890 \\ \hline \end{array} \qquad \begin{array}{r} 654 \\ 67865 \\ 86321 \\ 98000898 \\ +\ \ \ \ \ \ \ 879 \\ \hline \end{array}$$

$56 \times 5 =$ .........

$4444 : 4 =$ ...........

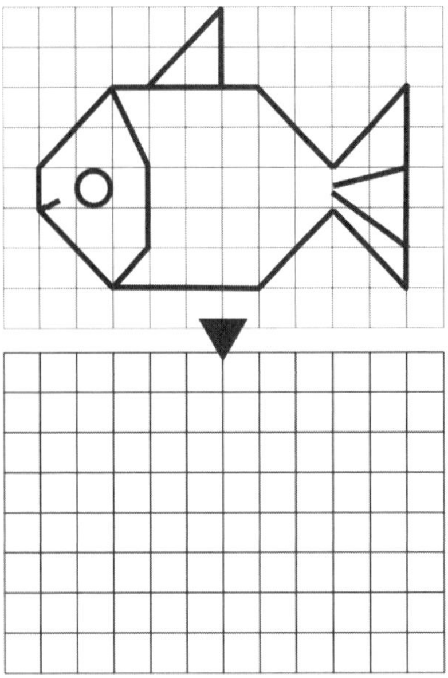

$$\begin{array}{r} 765 \\ -\ 78 \\ \hline \end{array} \qquad \begin{array}{r} 76543 \\ -\ 897 \\ \hline \end{array}$$

$$\begin{array}{r} 978 \\ -\ 89 \\ \hline \end{array} \qquad \begin{array}{r} 13245 \\ -\ 876 \\ \hline \end{array}$$

$$\begin{array}{r} 483 \\ -\ 394 \\ \hline \end{array} \qquad \begin{array}{r} 39430 \\ -\ 2948 \\ \hline \end{array}$$

$$\begin{array}{r} 100987 \\ -\ 678 \\ \hline \end{array} \qquad \begin{array}{r} 38439 \\ -\ 4938 \\ \hline \end{array} \qquad \begin{array}{r} 87654098 \\ -\ 78965 \\ \hline \end{array}$$

$$\begin{array}{r} 285948 \\ -\ 183907 \\ \hline \end{array} \qquad \begin{array}{r} 89430 \\ -\ 8493 \\ \hline \end{array} \qquad \begin{array}{r} 87654432 \\ -\ 8976 \\ \hline \end{array}$$

$$\begin{array}{r} 489005 \\ -\ 999 \\ \hline \end{array} \qquad \begin{array}{r} 39483 \\ -\ 8888 \\ \hline \end{array} \qquad \begin{array}{r} 8908766 \\ -\ 7654 \\ \hline \end{array}$$

1 876 – 987 = .........

913 + 9 087 = .............

| | |
|---|---|
| 73 | 3245467 |
| × 85 | × 189 |

¿Cuántas veces está la sílaba "NE"?

| | | | | | |
|---|---|---|---|---|---|
| UE | NE | UE | EN | NE | EN |
| EN | UE | NE | EU | EN | NE |
| UE | EU | EN | NE | UE | EU |
| NE | EN | UE | EN | NE | UE |
| EN | NE | EU | NE | EU | EN |
| EU | EN | UE | EN | NE | UE |
| NE | EU | NE | EU | UE | EN |
| EN | NE | UE | NE | EN | NE |

| | |
|---|---|
| 94 | 9876565 |
| × 77 | × 320 |

| | | |
|---|---|---|
| 326 | 95876 | 9870098 |
| × 45 | × 1098 | × 4532 |

| | | |
|---|---|---|
| 705 | 321232 | 7500453 |
| × 69 | × 3214 | × 5432 |

8888 : 4 = ...........

77 × 7 = .........

| | | |
|---|---|---|
| 1 005 | 105 | 1 500 |
| 501 | 150 | 1 050 |
| 5 001 | 5 015 | 5 051 |

¿Qué número falta aquí?

1 050  501  5 001

5 015  5 051

150

1 500  1 005

352654 | 87

125253 | 84

43971 | 513

78687 | 456

867543 | 9830

987098 | 1035

510 + ……. + 3 = 538

4 589 – 4 587 = …..

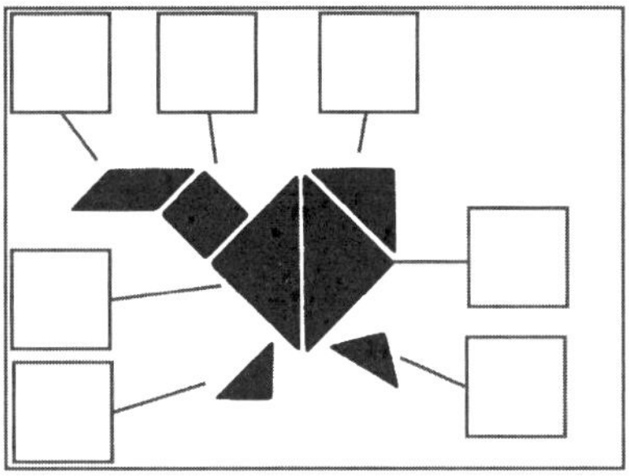

Numera las piezas.

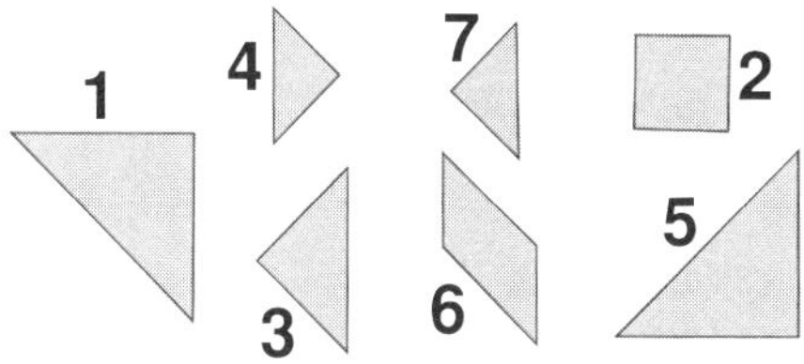


$$\begin{array}{r} 23538 \\ +\quad 76 \\ \hline \end{array} \qquad \begin{array}{r} 87465 \\ +\ 7458 \\ \hline \end{array} \qquad \begin{array}{r} 75634 \\ +\ 4553 \\ \hline \end{array}$$

$$\begin{array}{r} 567 \\ 9087 \\ +67800 \\ \hline \end{array} \qquad \begin{array}{r} 98297 \\ 524 \\ +\quad 786 \\ \hline \end{array} \qquad \begin{array}{r} 897678 \\ 890087 \\ +\quad 2378 \\ \hline \end{array}$$

$$\begin{array}{r} 9876 \\ 284 \\ 93450 \\ +\quad 9 \\ \hline \end{array} \qquad \begin{array}{r} 78 \\ 8493 \\ 96342 \\ +10006 \\ \hline \end{array} \qquad \begin{array}{r} 734656 \\ 39809 \\ 63441 \\ +\quad 4632 \\ \hline \end{array}$$

$11 \times 43 =$ ………

$33 : 11 =$ …..

Traza el camino más largo sin pasar dos veces por el mismo sitio.

$$\begin{array}{r} 98 \\ -\ 9 \\ \hline \end{array} \qquad \begin{array}{r} 786 \\ -\ 8 \\ \hline \end{array}$$

$$\begin{array}{r} 583 \\ -499 \\ \hline \end{array} \qquad \begin{array}{r} 2535 \\ -\ 948 \\ \hline \end{array}$$

$$\begin{array}{r} 685 \\ -\ 99 \\ \hline \end{array} \qquad \begin{array}{r} 6235 \\ -\ 756 \\ \hline \end{array}$$

$$\begin{array}{r} 98765 \\ -\ 786 \\ \hline \end{array} \qquad \begin{array}{r} 67808 \\ -\ 899 \\ \hline \end{array} \qquad \begin{array}{r} 8000007 \\ -\ 87654 \\ \hline \end{array}$$

$$\begin{array}{r} 38746 \\ -\ 3958 \\ \hline \end{array} \qquad \begin{array}{r} 39584 \\ -29695 \\ \hline \end{array} \qquad \begin{array}{r} 9808754 \\ -\ 987645 \\ \hline \end{array}$$

$$\begin{array}{r} 84956 \\ -75977 \\ \hline \end{array} \qquad \begin{array}{r} 85984 \\ -58896 \\ \hline \end{array} \qquad \begin{array}{r} 8765453 \\ -\ 98098 \\ \hline \end{array}$$

12 + 13 + 15 = .......

212 – 201 = .......

$$\begin{array}{r} 94 \\ \times 26 \\ \hline \end{array}$$

$$\begin{array}{r} 663566 \\ \times 661 \\ \hline \end{array}$$

Multiplica por el número que quieras (del 1 al 9).

$$\begin{array}{r} 1507 \\ \times \square \\ \hline \dots\dots\dots \end{array}$$

Y ahora... $\times 7373$

$$\begin{array}{r} 73 \\ \times 48 \\ \hline \end{array}$$

$$\begin{array}{r} 735624 \\ \times 234 \\ \hline \end{array}$$

$$\begin{array}{r} 65 \\ \times 68 \\ \hline \end{array}$$

$$\begin{array}{r} 8760098 \\ \times 538 \\ \hline \end{array}$$

$$\begin{array}{r} 8000987 \\ \times 20087 \\ \hline \end{array}$$

$$\begin{array}{r} 43 \\ \times 73 \\ \hline \end{array}$$

$$\begin{array}{r} 894677 \\ \times 5424 \\ \hline \end{array}$$

$$\begin{array}{r} 8765432 \\ \times 3452 \\ \hline \end{array}$$

666 : 3 = .........

999 : 3 = .........

7:50
(8 menos 10)

3:45
(4 menos cuarto)

6:35
(7 menos 25)

8:05
(8 y 5)

4 5 8 3 4 |2

1 2 4 5 4 |6

5 4 3 2 1 |3 3

5 4 2 3 |1 2

3 0 0 2 1 5 4 8 |8 5 6

4 5 9 8 7 5 6 |7 0 0 9

3214 + 98 = ………..

123 – ….. = 115

2:10
(2 y 10)

6:40
(7 menos 20)

4:55
(5 menos 5)

7:15
(7 y cuarto)

```
      4
   4125
+     3
-------
```

```
  45756
    346
+   466
-------
```

```
 563595
   5461
+   662
-------
```

```
   5236
      5
+  1003
-------
```

```
  93442
    674
+  5782
-------
```

```
 845674
   5674
+   531
-------
```

```
      5
    412
+  5875
-------
```

```
  41340
   4351
+   423
-------
```

```
     61
   4556
+478452
-------
```

1 240 : 10 = .........

$16 \times 8 =$ .........

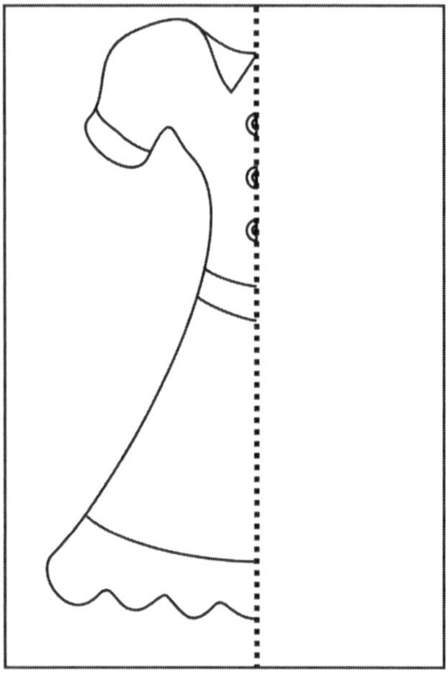

$$\begin{array}{r} 845 \\ -\ 45 \\ \hline \end{array}$$

$$\begin{array}{r} 1254 \\ -\ 487 \\ \hline \end{array}$$

$$\begin{array}{r} 645 \\ -\ 65 \\ \hline \end{array}$$

$$\begin{array}{r} 3573 \\ -\ 683 \\ \hline \end{array}$$

$$\begin{array}{r} 864 \\ -788 \\ \hline \end{array}$$

$$\begin{array}{r} 4736 \\ -3958 \\ \hline \end{array}$$

$$\begin{array}{r} 3849 \\ -2859 \\ \hline \end{array}$$

$$\begin{array}{r} 521340 \\ -\ 2145 \\ \hline \end{array}$$

$$\begin{array}{r} 8423674 \\ -\ 87654 \\ \hline \end{array}$$

$$\begin{array}{r} 3647 \\ -\ 778 \\ \hline \end{array}$$

$$\begin{array}{r} 478213 \\ -\ 478 \\ \hline \end{array}$$

$$\begin{array}{r} 5403216 \\ -\ 4758 \\ \hline \end{array}$$

$$\begin{array}{r} 3765 \\ -\ 766 \\ \hline \end{array}$$

$$\begin{array}{r} 476456 \\ -\ 48374 \\ \hline \end{array}$$

$$\begin{array}{r} 4000121 \\ -\ 364536 \\ \hline \end{array}$$

654 – ....... = 599

9 + ....... + 9 = 36

$$\begin{array}{r}96387\\ \times 637\\ \hline\end{array}$$

486 FLORES

$$\begin{array}{r}95465\\ \times 744\\ \hline\end{array}$$

Podré hacer ....... ramos de media docena.

$$\begin{array}{r}6765489\\ \times 5043\\ \hline\end{array}$$

$$\begin{array}{r}9458787\\ \times 518\\ \hline\end{array}$$

$$\begin{array}{r}5467459\\ \times 5654\\ \hline\end{array}$$

$$\begin{array}{r}5675489\\ \times 3649\\ \hline\end{array}$$

6 × ....... = 72

95 : 5 = .......

Tacha todos los números que sobran de la serie.

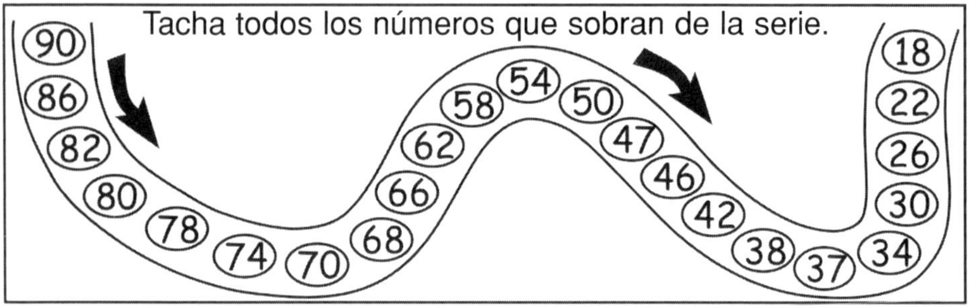


2 8 3 6 | 1 4

3 2 5 6 2 7 | 3 6

4 2 2 4 3 4 | 1 9 2

8 9 7 1 0 4 | 9 4 5

6 8 0 8 5 1 | 6 4 7

8 4 3 2 7 9 | 4 1 2 4

101 × ..... = 909

909 : ..... = 101

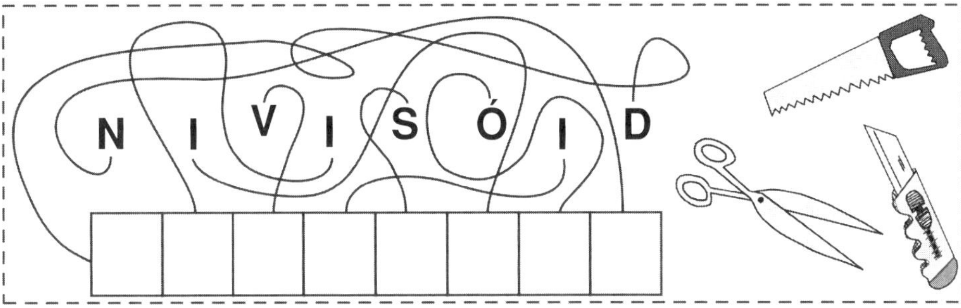


1 0 2 1 4 5 6 | 3 3

7 4 5 3 2 8 | 2 5

3 8 2 3 4 9 | 9 2 3

8 4 5 2 1 4 | 4 5 7

4 1 2 0 3 2 | 6 1 7 5

7 4 5 8 7 9 8 | 4 2 5 8

1 000 : 10 = .........

3 857 – ........... = 856

En la realización de este cuaderno han intervenido:

**Contenido:** Dionisio Escobar, Esther Mayoral, Andrea Pastor y Francisco Ruiz

**Coordinación editorial:** Mercedes García-Prieto

**Edición:** Vicente Vallejo

**Diseño de cubierta e interiores:** Miguel Ángel Pacheco y Javier Serrano

**Tratamiento infográfico del diseño:** Tae Mori y Alejandra Navarro

**Ilustraciones:** Diego Serván y Coral Garrido

**Equipo técnico:** Mónica Plaza y María Pascual


ISBN: 978-84-667-1529-4.



Depósito Legal: NA - 508 - 2010
Imprime: Rodesa (Rotativas de Estella, S.A.)

ET003858/1E9I - 1110785